BORDEAUX 1905

SUR L'ACHÈVEMENT

DE LA

Restauration des Montagnes

EN FRANCE

PAR

M. L.-A. FABRE

Inspecteur des Eaux et Forêts

BORDEAUX

Imprimerie Commerciale et Industrielle

56, Rue du Hautoir, 56

1906

BORDEAUX 1905

SUR L'ACHÈVEMENT

DE LA

Restauration des Montagnes

EN FRANCE

par M. L.-A. FABRE

Inspecteur des Eaux et Forêts.

BORDEAUX

Imprimerie Commerciale et Industrielle

56, Rue du Hautoir, 56

—

1906

L'Achèvement de la Restauration
des Montagnes en France

Par M. L.-A. FABRE, inspecteur des Eaux et Forêts.

I.— Aux termes d'un document publié en 1900 (1), « l'œuvre de la Restauration des Montagnes en France exigera encore près de 45 ans (p. 7) ». L'auteur de ce mémoire apologétique de la loi du 4 avril 1882 (2) est aussi modeste que précis : il n'a pas signé son travail et lui a donné la rigueur mathématique chère à tout statisticien, dont le premier souci est

(1) Restauration et conservation des terrains en montagne. Compte rendu publié par le ministère de l'Agriculture. Paris, Imp. Nat. 1900, br. gr., in-8° 33 p. Tableaux, Photot.

(2) Les articles de la loi spécialement visés dans cette étude sont les suivants :

Art. 2. — L'utilité publique des travaux de restauration rendus nécessaires par la dégradation du sol et des dangers *nés et actuels* ne peut être déclarée que par une loi.

Art. 4. — Dans le périmètre fixé par la loi, les travaux de restauration seront exécutés par les soins de l'Administration et aux frais de l'Etat, qui devra à cet effet acquérir, soit à l'amiable, soit par *expropriation*, les terrains reconnus nécessaires.

Le lecteur pourra s'édifier complètement sur le sujet de cette étude en recourant aux nombreux mémoires insérés aux comptes rendus des Congrès du Sud-Ouest Navigable et de l'Association pour l'Aménagement des montagnes Il consultera aussi utilement les travaux spéciaux très documentés de M. E. Cardot publiés dans le *Bulletin de la Société forestière de Franche-Comté et Belfort* et dans divers autres recueils périodiques.

Parmi les études anciennes, voir également celle de M. J. Clavé, *Le Reboisement des Alpes, Revue des Deux-Mondes*, 1er février 1881. Tout est « actuel » dans ce travail qui n'a pas vieilli.

de pouvoir mettre un chiffre en vedette. D'après lui, on devra considérer « l'œuvre » comme une entreprise industrielle dont la durée s'exprime par le quotient de l'évaluation des travaux projetés (112.270.453 fr. en 1900), divisée par l'allocation budgétaire moyenne (3.300.000 fr.). Le seul aspect d'un pareil calcul eût dû mettre en garde un opérateur au fait des choses forestières, contre les mirages de l'arithmétique appliquée à la dénudation du sol.

Comment dans cette évaluation a-t-on pu tenir compte de l'extrême et inévitable variabilité des causes et des effets; de la torrentialité croissante de ravins, couloirs d'avalanches et autres terres ruisselantes et nues où hier le danger n'était pas encore *né et actuel*; de la pulvérisation torrentielle des lits « barrés », qui est monnaie courante dans des bassins insuffisamment reboisés, et fait du « barrageur » un coûteux émule de Sisyphe; des mécomptes inévitables que l'intempérisme cause aux travaux de reboisement les mieux exécutés? A quelle rubrique de ce compte-rendu fit-on état des travaux d'une nature toute spéciale, alors en pleine activité dans les zones nivales de la Savoie, et qui engloutissaient, pour une utilité publique problématique (1), des sommes qu'on eût si utilement employées à reboiser des terres pauvres ailleurs?

(1)..... « Il suffit cependant d'avoir parcouru même superficiellement les principaux centres de reboisement de la France pour être pleinement convaincu de la nécessité de mieux coordonner les efforts et les dépenses considérables que l'Administration forestière a consacrés et affecte encore à l'extinction des torrents de notre pays.

Tant que la routine administrative, la préoccupation exclusive d'exécuter des travaux d'art à grand effet, devant faire remarquer leurs auteurs et dont l'opportunité demeure souvent contestable, s'allieront à une ignorance parfois surprenante des *phénomènes géologiques* dont il s'agit d'enrayer la marche et au désir d'épuiser quand même des crédits annuels dont on craint de voir diminuer l'importance, l'efficacité des mesures employées par les services publics demeurera fort illusoire ; bien des mécomptes seront encore réservés à l'administration forestière, malgré l'instruction technique et mathématique en général très élevée du personnel chargé de ce service. »

W. Kilian. *Ann. du Club Alpin Austro-Allemand*, XXIX, 1898, page 2 (note).

Cinq ans après, la surface de nos terres montagneuses à restaurer se trouvait être définitivement (?) portée de 315.062 hect. à 345.140 hect. (Budget de 1905) (1). Il est douteux que dans ce nouveau compte on ait songé que le Bon-Rieux de Bozel, au bassin pillé par les bergers, venait d'engloutir onze personnes en plein sommeil (2); que les paravents boisés (3) installés dans un instant d'aberration, sur les landes nues du Lannemezan, ne pouvaient compter comme sauvegarde des fureurs de la Save du Gers et des Baïses, en perpétuelle disette d'eau? que... etc...

(1) Nous avons en France, en chiffres ronds, six millions d'hectares de terres incultes dont quatre millions d'hectares de landes, pâtis, bruyères susceptibles d'aménagement pastoral, mais que la jouissance collective livre aux pires dérédations : ce sont des sources torrentielles permanentes et progressives.

La superficie des terrains à restaurer en France a été successivement évaluée à :

1.100.000 hectares en	....	1845
1.000.000	—	1861
100.000	—	1882
140.000	—	1883
315.000	—	1884

(2) Et le Charmeix qui débouche aux Fourneaux près Modane? toujours en Savoie ! En constituant jadis un périmètre de reboisement sur ses rives, mais hors de son bassin, avait-on songé que plus tard, le 27 juillet 1906, ce torrent négligé par la statistique, saurait spontanément manifester contre cet oubli, et prouverait en un instant qu'il était et reste un *danger né et actuel*, capable de causer pour plus de 5 millions de francs de dégâts ? — *Le Torrent,* A. Ballif: *in Le Figaro* du 3 août 1906. — Hier encore, le 10 septembre, dans cette vallée pyrénéenne du Bastan où l'on a limité à 142 hectares l'étendue d'un périmètre qui eut dû avoir 4.000 hectares. (E. de Gorsse), une crue subite du *ruisseau* de Betponey à douloureusement manifesté contre la statistique officielle. (Note ajoutée en cours d'impression. L. A. F.).

(3) Sur les sables mouvants de la steppe russe où il ne pleut jamais assez, on plante des rideaux d'arbres, aussi bien pour stabiliser le sable, que dans l'espoir d'augmenter les pluies. Si, contre toute attente, les maigres rangées semées en 1902 sur les landes dénudées et ruisselantes du Lannemezan devenaient jamais des rideaux d'arbres, elles ne pourraient avoir qu'un effet, augmenter l'intensité des inondations sous-pyrénéennes.

D'ailleurs, cette opération se trouvait porter sur un terrain où « il n'y avait rien de bien utile à entreprendre au point de vue pastoral. ».(Chambre des Députés, 3 février 1902. Discours de M. Alicot, *Journal Officiel,* page 399.)

Géologues et géographes se sont justement élevés, particulièrement en France, contre le maladroit usage que l'on fait des sciences trop précises, dans l'interprétation des phénomènes hydro-géologiques. Quand l'homme est en cause dans ces faits « d'activisme », il devient absolument téméraire de vouloir en emprisonner l'évolution dans un temps donné, par une formule étroite.

L'œuvre de la restauration des montagnes a pour caractéristiques essentielles d'être *permanente* et *sociale*. Ces caractéristiques ne ressortent nullement du compte rendu de 1900 pas plus que des dispositions de la loi de 1882. Elles ne se prêtent à l'établissement d'aucune statistique à long terme, surtout quand l'anonymat de l'auteur ne permet d'apprécier ni sa compétence, ni sa sincérité.

D'ailleurs, du jour même de sa promulgation (1), l'inefficacité de cette loi qui a joué lamentablement avec les mots n'a cessé d'être signalée à l'opinion publique.

II. — Le résultat universel de la dénudation du sol, au point de vue de sa stabilité et de sa fertilité, peut être formulé très simplement:

Le sol dénudé lutte contre l'eau.
Le sol armé par la végétation lutte pour l'eau.

Dans le premier cas, il y a érosion et aridité progressives; dans le second cas, stabilité et fertilité indéfinies.

La végétation se développe spontanément sur le sol en raison des eaux que reçoit naturellement ce dernier: elle est une fonction géographique des eaux atmosphériques. Elle constitue pour chaque région des ensembles *sociaux* de végétaux, des « associations naturelles » adaptées à la résultante climatique du lieu. La Forêt est le type de ces groupements caractéristiques dans les pays à pluies fréquentes et

---

(1) L. Tassy. *Restauration et conservation des terrains en montagne. Loi du 4 avril 1882,* Paris, br. in-8°, 90 p., 1883. Rothschild.

espacées, où les saisons de végétation suffisamment longues permettent l'élaboration de la matière ligneuse. La couverture végétale passe à un autre type, celui de la Steppe, quand ces conditions ne sont pas réalisées.

Au sein des forêts, une multitude d'infimes et éphémères végétaux micro-organiques, bactéries, saprophytes, cryptogames, végète sur ou dans le sol, sous le dôme puissant que développe la classe privilégiée des arbres séculaires; cette masse prolétarienne vit à bénéfices mutuels avec l'aristocratie ligneuse qui l'abrite. Certes, ce milieu « social » n'a rien de l'égalisme qui fut l'idéal de Platon et de ceux qui, à sa suite, se prirent et se prennent encore aux mêmes chimères. La nature, plus sage et plus coopérative, assure cependant, la pérennité aux associations végétales: l'humble mycorhize et l'arbre majestueux vivent en perpétuelle et nécessaire symbiose; ils défient le temps et les éléments, sur un sol toujours *protégé* et fertilisé, où les eaux profuses et salubres sont automatiquement emmagasinées pour assurer la prospérité indéfinie de « l'association », la vie facile de celui qui l'exploitera.

Cette « protection » se trouve réalisée par un ensemble de « petits moyens », suivant la loi du « moindre effort »: elle résulte d'évolutions naturelles qui se poursuivent en vue d'approvisionner dans le sol les aliments aériens des plantes, eau, carbone et azote, que les associations végétales puisent spontanément dans l'atmosphère.

Aussi, le tapis herbeux des hautes pelouses, celui des steppes seront, à l'égal de la masse haute et dense de nos forêts montagneuses, protecteurs et fertilisateurs du sol, gisement de la Houille blanche.

L'importance de la « protection du sol » par un abri, un couvert permanent, est capitale en culture.

C'est par l'abri des « cultures dérobées » à l'époque où, sous nos climats, l'enlèvement des récoltes livre la terre cultivée au drainage des grandes pluies et à l'intempérisme, que les agronomes conseillent de lutter contre la dénitrification la décalcification, la deshumification. C'est par l'abri permanent de la forêt ou de la pelouse que le sol montagneux pourra seulement lutter contre le ruissellement, cause primitive de l'érosion, de l'action torrentielle: les formes topographiques du sol peuvent être ainsi stabilisées par la végétation, bien avant d'avoir atteint leur profil d'équilibre mécanique.

Il est évident que le « travail » du sol montagneux, soit par la culture qui l'entr'ouvre, soit par le troupeau surabondant qui le dénude et l'excorie, trouble profondément la résistance de la terre végétalisée vis-à-vis des météores; celle-ci devra chercher de nouveaux équilibres auxquels ne sauraient la conduire toute l'ingéniosité et la science du constructeur de barrages et autres artifices ou dérivatifs inertes. Les eaux reçues par les versants montagneux désarmés où elles ruissellent se trouvent déchaînées sur les plaines qu'elles inondent et dévastent, au lieu de les irriguer et de les fertiliser; ailleurs elles s'enfouiront inutilisées ou contaminatrices de sources, comme l'ont si bien établi les travaux des ingénieurs-hygiénistes et des spéléologues. C'est un billet à ordre, à échéance plus ou moins lointaine, mais fatale, que la culture actuelle tire sur tous ceux qui luttent et lutteront de plus en plus dans l'avenir, pour et contre les eaux.

La conquête du sol pour la végétation se fait partout sans compter avec le temps: il est de même impossible de prévoir l'époque à laquelle la dénudation culturale déchaînera les eaux de ce sol et en mobilisera les éléments, au point d'y provoquer ce qu'on est convenu d'appeler un « danger né et actuel ». Un fait actuel est la conséquence d'une longue suite de passés. La lutte entre la terre et l'eau, qui engendre ledit danger, s'est ouverte en un point à l'instant même où le fonctionnement « social » de la vie végétale, protectrice du sol y était systématiquement désharmonisé par la culture. Si l'on attend trop longtemps pour rétablir l'équilibre entre les forces spontanées de la nature, il est puéril de recourir à de babéliques et ruineux trompe-l'œil pour lutter contre le torrent qui va surgir tôt ou tard armé de toutes pièces; il n'y a qu'à crier: Sauve qui peut! C'est ce qu'on ne fit ni à Toulouse en 1875, ni à L'Isle-en-Dodon en 1897, ni à Bozel en 1904. C'est ce qu'on ne saurait proclamer assez haut dans toutes nos régions torrentielles françaises où la loi imprévoyante de 1882 permet à peine d'appliquer un vernis de parade sur la face du mal, sans qu'il soit possible d'en atténuer les causes profondes et originelles.

Il serait bien hasardé de faire aujourd'hui le compte rendu statistique de 1900 avec le rigoureux optimisme qu'essaya d'y mettre son auteur!

III. — La loi du 4 avril 1882 fut une œuvre anti-sociale.

Au montagnard que l'usage abusif du sol dont il ignore les besoins, expulse ou va expulser d'un foyer éteint par le torrent, l'Etat alloue pour solde de compte une indemnité d'expropriation. On « nationalise » l'épave! Après avoir octroyé à l'exproprié et aux siens un sauf-conduit à prix réduits pour l'Afrique, Madagascar, ou une autre terre lointaine où le nouveau colon recréera des terres-mortes avec le seul outil qu'il connaisse, le mouton, la métropole qui manque de bras, estimera qu'elle a fait une opération convenable au double point de vue économique et social en exportant au loin des travailleurs qui manquaient d'ouvrage et de pain chez elle.

Nos ateliers nationaux de reboisement, qui ne sont trop souvent que des chantiers de maçons, s'alimenteront par des équipes piémontaises, catalanes ou aragonaises, qui draîneront à l'étranger une bonne part du prix de la main-d'œuvre du reboisement, qui internationaliseront notre sol par une possession paisible et longuement autorisée; y feront souche d'adversaires prêts aux luttes possibles de l'avenir.

Telle est la formule sociale que nous appliquons depuis 25 ans à ce que nous croyons être la restauration de nos montagnes et grâce à laquelle, pendant 40 ans encore, nous aurons installé sur nos frontières un élément étranger autrement difficile à conduire que ne pouvaient l'être les alpins et les pyrénéens que nous aurons exportés au loin.

Le système est à ce point en vogue que le territoire de deux communes a été totalement exproprié dans les Hautes-Alpes. Il a failli s'étendre au département des Basses-Alpes, qui, depuis 30 ans, perd par l'exode montagneuse volontaire 1.200 habitants par an (1): on a hésité!

Dans les Pyrénées, le pays a instinctivement et nettement barré la route à ces sortes de dragonnades du siècle de l'Eau; aussi, « l'œuvre du reboisement y est-elle manquée, à refaire » (E. de Gorsse). On y restaure la façade de la montagne là où la mitraille des blocs, des avalanches, des torrents rend la vie intenable aux clients éphémères, mais lucratifs des stations thermales, à Cauterets, Barèges, Luchon (2). Ailleurs, on laisse le champ libre aux gaves.

C'est seulement dans les Cévennes qu'on a trouvé une solution accommodant l'intérêt public et celui des populations. On peut y étudier aujourd'hui des « leçons de choses », préparées depuis longtemps et suivies méthodiquement; elles sont absolument démonstratives de ce que l'œuvre du reboisement est susceptible de donner en France quand elle est conduite par une initiative prudente, ferme, sûre de son terrain à tous les points de vue. On ne s'improvise pas maître en la matière, il faut s'y être fait la main en chaque région montagneuse où diffèrent les gens et les choses, réciproquement adaptés les uns aux autres.

Comme l'ignora le législateur de 1882, on ignore encore sans doute l'âpre lutte qu'est le travail, le patron impitoyable qu'est l'intempérie, en haute montagne: ce patron-là est

(1) De 1870 à 1900, la population du département des Basses-Alpes a baissé de 153.783 habitants à 118.000 habitants; celle de la vallée de Barcelonnette où dans une fâcheuse précipitation nous avons englouti des millions à blinder des lits de torrents, 29 % ; celle de la commune de Seyne, 30 %; etc.

(2) H. Béraldi. *Cent ans aux Pyrénées*, vol. VII, 1904, pages 155 à 166.

un maître. Il ne fait jamais grâce; ne connaît pas d'accommodements, exige tout de l'initiative, du « struggle » acharné pendants les courts mois qu'émerge le sol entre deux neiges. La vie s'y passe fiévreusement, en toute hâte; c'est celle de la plante isolée des zones nivales (C. Flahault), qui se reprend maintes fois à vivre, s'ingéniant à lutter pour parachever son cycle et s'installer en avant-garde des associations protectrices du sol. Aussi trouvera-t-on là-haut le type des ateliers laborieux et disciplinés, celui de la famille; il ne connaît pas plus le droit de grève que la doctrine des « trois-huit »; il va droit son chemin, luttant sans trêve. Quel ouvrier citadin ou rural assumera pareille tâche, ira se terrer pendant de longs mois sous la neige, en vie promiscue avec le troupeau qui mugit la soif ou la faim? Par qui remplacer nos montagnards (1)? Pour assurer le travail indispensable à l'exploitation agricole et pastorale dans nos hautes vallées alpines et pyrénéennes, devra-t-on transformer celles-ci en lieux de relégation?

On peut s'étonner que les éminents économistes qui ont stigmatisé « l'Exode rural » (Vanderwelde), qui ont exalté le « Retour aux champs » (J. Méline), n'aient pas réhabilité les cultivateurs du sol montagneux, ces parias des ouvriers agricoles encore rivés, si puissamment et si heureusement par un mystérieux atavisme, à la glèbe de « leur bien de famille ». Sans doute pour parer au morcellement égaliste de ce sol, dont l'étude commencée dans les Pyrénées par Le Play fut si brillamment poursuivie par MM. Cheysson, Demolins, Bu-

---

(1) Dans nos populations montagnardes essentiellement autochtones, il n'y a pas lieu de comprendre les irréguliers du pastorat et autres qui composent l'Etat-Major de la transhumance. Ce sont les instruments aveugles et irresponsables de ce qu'on a appelé « l'aristocratie pastorale » (Tassy) qui assume la plus grande part de responsabilité dans la dévastation de nos montagnes. Ces nomades qui perpétuent le vandalisme ne méritent que l'intérêt banal dû à tous les humbles : loin de travailler le sol, ils en pillent les épaves.

tel (1), on parle du futur Homesteadt français. Qu'on se hâte
de le constituer, si à lui seul il peut empêcher le gave d'émietter cette terre si longtemps « hachée » par le Code civil qui l'a vouée à toutes les déprédations du droit latin de
propriété (2), aux sophismes de l'égalisme.

En haute montagne, les terres sont généralement trop
pauvres pour tenter l'appropriation individuelle; elles ne donnent que des produits parcimonieux et à long terme, restent
banales, « res nullius ». Les communes et Syndicats pastoraux
des communes en jouissent à leur guise, c'est-à-dire qu'elles sont la proie du « jus ututi et abutendi », dans tout ce
qu'il a de plus absolu.

L'attachement au sol, réalisé aujourd'hui en France par
le développement considérable de la propriété petite et moyenne, est le gage de la prospérité générale de notre pays
(C. Zolla). C'est ce lien puissant et spontané de l'homme à
sa terre, que le programme collectiviste actuel veut rompre
par la surcharge des impôts qui grèvent la terre: les droits
successoraux, etc.; le sol cultivé se trouvera ainsi perpétuellement mobilisé, voué aux pires déprédations, jusqu'au
jour où l'Etat se fera cultivateur: alors, ce sera la fin (3).

(1) L'organisation de la famille selon le vrai modèle, 1895. Les Français
d'aujourd'hui, 1898. Une vallée pyrénéenne, 1894.

« Ce qui empêche une appropriation intelligente de la terre par l'homme,
avec les moyens scientifiques et techniques qu'il possède au sein du XXᵉ siècle, c'est la dissociation toujours plus grande de l'homme et de la terre
à mesure que l'homme se met de plus en plus au niveau de la civilisation
mondiale. C'est le paysan illettré ou à peine lettré, qui est encore attaché à
sa terre. Mais la civilisation des villes l'enserre de toutes parts et tend à
rompre cet attachement ». (A. Wœikof. *De l'influence de l'homme sur la
terre*. Ann. de Géogr. X, p. 209)

(2) B. Brunhes. La Houille Blanche. *La Quinzaine*, 1ᵉʳ mars 1901. — *id*.
Houille Blanche et droit de propriété, *Revue de Fribourg*, mars-avril 1905.

(3) C'est par l'appropriation individuelle seule qu'on a réussi en Autriche, à
mettre en valeur une partie des arides karstiques (Dʳ W. Schiff. *La question
des biens en jouissance commune en Autriche* (VIᵉ Cong. intern. d'agriculture. Paris 1900. t. I. p. 401). En Russie, l'émancipation des serfs n'a pas déterminé l'appropriation du sol en faveur du moujick, mais la jouissance collec-

On cite encore le nom d'administrateurs prévoyants qui, dans nos départements alpins et même jurassiens, dénoncèrent les abus pastoraux et les entravèrent temporairement: mais il y a longtemps de cela!

La spontanéité et l'abondance relative de la couverture végétale qui « arme » le sol herbeux ou boisé, avilissent la valeur de ces produits naturels aux yeux du montagnard. Toujours cantonné dans les mêmes horizons, sur un sol où par atavisme il perpétue tous les abus, il ne peut saisir les causes de dégénérescence de la terre non ménagée, même quand le torrent l'inonde et le chasse. « Les torrents font, dit-on couramment en Maurienne, la richesse du pays ». Au XVIIIe siècle, l'aspect des Pyrénées, encore boisées mais cependant dévorées par les gaves, n'inspirait à Ramond que cette grave sentence: Périr est leur affaire! à Darcet que ce sophisme: La végétation ronge et détruit la montagne par l'eau qu'y retiennent la mousse et les gazons. Plus près de nous, d'éminents ingénieurs, des agronomes et bien d'autres ont considéré comme des mannes providentielles, les alluvions, colmatages et relais qui échelonnent jusqu'au niveau de base des rivières torrentielles, la « chair des Montagnes ». En 1880, n'eut-on pas la stupéfiante idée de vouloir lancer l'entreprise des « Polders de la Durance »!

Comment répandre avec assez de profusion et dans un langage assez clair et démonstratif pour être saisi aussi bien en bas qu'en haut de l'échelle sociale, ces éléments de « solidarité

---

tive du sol par la commune (le mir). Aussi le paysan désintéressé du lot de terre dont il ne pouvait jouir que d'une façon précaire est-il resté, malgré son émancipation, aussi nomade et sans initiative que jadis » 'A. Leroy-Baulieu. *Le parti révolutionnaire et le nihilisme.* « Revue des Deux Mondes », 15 février 1880, p. 770)

Il ne semble pas qu'ailleurs, au moins pour les cultures de plaine, le collectivisme agraire soit jamais réalisable (G. Salvioli, *La nationalisation du sol en Allemagne,* Le Devenir social, 1896. R. Worms, *Le Collectivisme et la propriété rurale.* « Rev. Intern. de Sociologie, 1901, etc.) En haute montagne, l'appropriation individuelle de la terre est matériellement impossible, elle reste fatalement bien commun.

3

hydrologique », qui lient étroitement la plaine à la montagne les font clients réciproques l'une de l'autre, tels les grands arbres de nos forêts et leurs infimes mycorhizes?

Les sociologues, préoccupés partout aujourd'hui d'améliorer le sort des travailleurs, appliquent à l'étude des conditions de lieu et de travail, génératrices des groupements humains, des méthodes d'investigation qui ont permis aux phytogéographes d'analyser les causes de la répartition des « associations végétales ». La localisation de ces groupements est un fait d'évolution. Ils ont distingué les conditions essentielles et suffisantes pour l'évolution d'un Pyrénéen de l'Est ou de l'Ouest, d'un Caussenard, d'un Alpin du Nord ou du Sud: ces caractères propres, harmonieusement fusionnés avec ceux des populations de nos plaines, constituent en somme le « génie » de notre race.

On a ainsi commencé utilement l'étude du « milieu montagnard ». En fait, qui connaît bien cette vie aujourd'hui? Elle le sera mieux sans doute dans quelques années, grâce à la pénétration de plus en plus facile de la montagne; grâce à l'automobiliste, s'il consent à prendre des notes et à rouler par tous les temps, sans brûler trop d'étapes; grâce à des initiatives persistantes et laborieuses, celle du Club Alpin qui en 1874 donnait une première fois à Cézanne l'occade poser la « Question des montagnes », grâce au Touring-Club de France, dont la ténacité éclairée et les ressources s'emploient si activement, aujourd'hui à guérir cette plaie sociale qu'est une montagne ulcérée; grâce aux travaux de l'Association pour l'Aménagement des Montagnes, qui nous révèle les déversements périodiques de transhumants espagnols sur le sol de nos hautes vallées pyrénéennes (1), où ils alimentent l'énergie dévastatrice de nos gaves.

Peu à peu, grâce à ces groupements qui émergent en vérita-

(1) Actuellement, et pendant que cette généreuse Association dépense ses ressources et son initiative à restaurer le sol pastoral dans la haute Neste, l'État, armé cependant depuis longtemps, laisse dévaster les forêts de la basse-

ble aristocratie intellectuelle, s'analyse le chaos pastoral, se révèlent les répercussions physiques de plaies sociales profondément perturbatrices des conditions de travail en terrain montagneux.

Si ces conditions avaient été mieux connues, elles eussent certainement eu leur place au cours du grand débat parlementaire de 1897 sur la question agraire. Nos travailleurs montagnards furent étrangement ignorés dans cette longue et brillante joute oratoire.

La « Nationalisation » du sol paraît être aujourd'hui le thème favori des agro-socialistes (1). Aucun d'eux ne semble se douter que certaines errest, naturellement pauvres, en situation difficile, sont plus à charge qu'à profit pour ceux qui en jouissent, qu'elles n'ont de valeur que pour eux, par eux, par l'opiniâtreté de leur travail, de leur initiative personnelle. Un de ces auteurs, cependant, plus au fait de ce dur labeur, a dit juste en caractérisant du terme de « pathologie sociale » l'extension follement amplifiée des zones culturales (2). Que de fois les agronomes non didactiques n'ont-ils pas, sous prétexte de nécessités culturales, de balances spécieuses entre la valeur du pastorat désordonné et extensif et celle de la matière ligneuse si difficilement exploitable en montagne, avec des leurres tels que celui des « taillis-broutables », déchaîné à la curée de son propre bien la gent pastorale crédule pour laquelle la philosophie paysanne du Roman de Rou est toujours actuelle.

Ainsi procédèrent les meneurs de la Jacquerie Russe, qui, incapable de défendre son riche tchernoziom de l'aridité, s'est ruée à l'assaut de nouvelles terres qu'elle ne saura pas mieux utiliser que les anciennes. Nul exemple de cet enchaînement

vallée par des « syndicats » uniquement organisés en vue du déboisement. Ces sociétés « vandales » fonctionnent sur les rives même de forêts communales « protectrices » dont l'Etat assure la garde !

(1) K. Kautzky. *La question agraire*. — E. von. Philippovich. *La politique agraire*, etc.

(2) G. Gatti. *Le Socialisme et l'Agriculture*, in-12, 1902, p. 180.

physiologique et social n'est plus actuel et plus démonstratif que le ravinement, l'ensablement et l'assèchement progres-
sif des fertiles terres-noires, dénudées par la culture. Elles
sont cultivées depuis moins de cinquante ans, et, déjà, on
lutte contre l'eau dans ce vaste pays plat où il ne pleut jamais assez.

La formule agro-socialiste actuelle « qui veut être le maître des Eaux doit être le maître des Forêts » (E.-V. Philippovich) est tout aussi insuffisante que le fut celle de Surrel:
« La Forêt préserve le sol du torrent ». La forêt n'est que
l'accident floristique des régions où il pleut beaucoup; mais
la force vive des eaux superficielles peut être tout aussi
dangereuse là où la forêt n'est pas spontanée. Le ravinement
des steppes, celui très fréquent de certaines forêts en pente
que dominent de hautes pelouses dénudées le prouvent. Pour
être exact dans les mêmes formes, on devra dire aujourd'hui:

Qui veut être le maître des Eaux doit être le maître des Montagnes.
La végétation spontanée protège partout le sol contre l'érosion.

Depuis 1882, un ensemble de faits considérables, intéressant
la Question des Montagnes s'est révélé, particulièrement en
France: houille-blanche; disette d'eau, d'irrigations; obstruc-
tion de lits fluviaux, d'estuaires; défense hygiénique des cap-
tages d'eau d'alimentation; hydrographie souterraine; décrues
glaciaires; mouvement agraire; exode rural; idées coopérati-
ves (1)... toutes choses qui font considérer aujourd'hui l'établissement d'un Régime Protecteur des Montagnes, à l'origine des eaux, comme tout aussi urgent que le fut en 1827
le Régime forestier qui nous a conservé une partie de nos anciennes richesses nationales.

(1) La plus récente et une des plus considérables de ces « révélations » est
le Captage de l'Azote atmosphérique par voie bactériologique (A. Muntz et
Laîné. Compte rendu 1905, t. II, p. 861). Et cependant à y regarder de près, cette
découverte, évidemment très importante, n'aura le réel caractère « annoncé
de révolution économique» (Helbriegel et Wielfarth. *Ann. Past. Pasteur*, IV,
p. 82) que le jour de plus en plus éloigné où l'agriculteur disposera de *l'eau
à volonté* par les irrigations, par le judicieux aménagement des montagnes.

A l'étranger, on propage aujourd'hui les forêts, les pelouses naturelles et les landes incultes pour assainir le sol des bassins de réception où se recueillent les eaux destinées à l'alimentation publique. On crée ainsi de vastes camps retranchés sanitaires (1). Notre loi récente du 15 février 1902 (art. 10) est absolument muette sur l'organisation de cette protection, dont les spéléologues ont, depuis longtemps, prouvé l'absolue nécessité (E.-A. Martel).

Ces faits nouveaux, vers l'étude desquels converge depuis quelques années un puissant faisceau d'études et d'initiatives, devront nécessairement remettre en cause le procès de la loi imprévoyante et anti-sociale du 4 avril 1882.

IV. — A qui doit incomber l'initiative des mesures à prendre pour protéger nos sols pauvres, défendre leurs populations contre les mirages de l'outre-mer, aménager nos montagnes ?

On admet que l'Etat est la « forme la plus large de la solidarité sociale, encore que cette forme soit coercitive (2) ».

Il semble dès lors que, surtout avec le courant actuel des idées, cette initiative doive nécessairement lui appartenir. De plus, si l'Etat, être perpétuel, n'assure pas ses richesses, il n'en doit que plus assurer la liberté du travail à ceux qui les produisent et pour cela, en premier lieu, garantir la sécurité, la vie des travailleurs. Il pourvoit à ce devoir dans les mines, les usines, les chantiers petits et grands : il n'y a ja-

---

(1) E. Imbeaux. Les eaux potables, 1897. — Id. De la nécessité d'installer une protection efficace pour les eaux d'alimentation des villes (*Ann. d'hygiene*, 1901). — J. Courmont. L'alimentation des villes en eau potable. Dangers de l'eau de source. Impossibilité d'une surveillance efficace (*La Presse médicale*, juin 1904). — F. Marboutin. La surveillance des sources et la filtration des eaux destinées à l'alimentation (*Revue d'Hygiène*, 1904). — A. Gartner et Schuman. La surveillance hygiénique des cours d'eau '*Rev. d'Hygiène*, 1904). — G. Curtel. Sources et eaux potables (*Revue bourguignonne de l'université de Dijon*, 1905, p. 119-138), etc.

(2) C. Gide. *L'idée de solidarité en tant que programme économique. Revue int. de sociologie*, sept.-octobre 1893.

mais pourvu en montagne où il attend que la maison soit emportée, pour défendre celui qui l'habite. Le patron qui, dans l'organisation de son atelier ne sait pas prévoir l'impossible, risque d'être fort malmené par le juge en cas d'accident arrivé à ses ouvriers. Quel recours a-t-on contre l'Etat imprévoyant? le bulletin de vote?? Le suffrage des engloutis de Toulouse, de l'Isle-en-Dodon, de Bozel, de Mamers, d'Aïn-Sefra! Passé le torrent, passée la peur. On a hâte de reprendre le courant de la vie après le paiement des dîmes torrentielles: on escompte volontiers jusqu'au prochain raz-de-marée la sonorité des promesses officielles.

Après le pillage du sol boisé que sous bien des prétextes, et depuis plus de 100 ans, organisèrent nos divers régimes (1). y compris le Second Empire, qui aliénait de riches forêts de plaines pour reboiser des montagnes (2), peut-on espérer que les enseignements qui ont foisonné depuis vingt-cinq ans ouvriront une ère plus prévoyante?

Des projets de loi, certes bien intentionnés doivent arrêter les défrichements, le pâturage extensif...

En juillet 1900, M. Jean Dupuy, ministre de l'Agriculture, présenta un projet de loi parfaitement adapté à la protection du sol boisé contre l'incendie volontaire. Après plus de deux ans, le projet, renvoyé de Commission à Commission,

(1) En 1791, nos forêts domaniales couvraient plus de 4.700.000 hectares; elles n'occupent plus actuellement que 1.164.000 hectares; dès 1787, certaines de nos Assemblées provinciales récompensaient les mémoires relatifs au défrichement des bois communaux. Bien que les lois du 25 juillet et du 23 août 1790 aient excepté les forêts de la vente des Biens Nationaux, la loi du 10 juin 1793 leur portait un coup fatal en décrétant le partage des Biens Communaux entre les habitants des communes. Nul ne peut évaluer les dévastations légales qui se commirent alors, malgré les louables efforts du Directoire qui avait conscience du désastre. La loi du 20 mars 1813 livra à la « Caisse d'Amortissement » d'immenses étendues de forêts communales. De 1824 à 1865, tous nos régimes battirent monnaie avec les forêts: plus de 355.000 hectares de bois domaniaux furent aliénés; en 1848, on poursuivit de nouveau l'allotissement des forêts communales.

(2) N... *L'aliénation des Forêts de l'Etat devant l'opinion publique*. Paris, Rothschild, 1865. In-8°, 480 pages.

aboutit, presque sans discussion, et, en tout cas, sans nouvelle intervention du Gouvernement, à la loi vaine et puérile du 17 décembre 1902! Comment expliquer que la Commission appelée à reviser demain le Code forestier, revision qui ne paraissait nullement s'imposer aujourd'hui, après tous les tempéraments apportés à la législation de 1827, ait reçu pour mission « d'étudier dans un sens libéral les mesures à prendre pour permettre l'exercice du pâturage dans les forêts communales, tout en veillant à la conservation des massifs » ? Avec une pareille ligne de conduite ne précipitera-t-on pas « la mort de la montagne » qu'on voulait avec tant d'à propos conjurer en 1897, au lendemain d'un raz-de-marée des gaves pyrénéens (1)? Qu'a-t-on fait depuis pour rendre ceux-ci moins menaçants?

« En dehors des périmètres de restauration, où le sol appar-
» tient à l'Etat (345.000 hectares), on n'a rien fait, il n'a été
» possible de rien faire (2)! » Et nous avons 4 millions d'hectares de ces terres-pauvres en France, et nous travaillons depuis cinquante ans à les restaurer!

Dans les Pyrénées, particulièrement, on dédaigna la généreuse participation en étude et en argent que le ministère des Travaux Publics offrit à celui de l'Agriculture, pour essayer de sauver le port de Bordeaux. A cette époque, on se refusait encore à admettre qu'il pût y avoir des torrents dans les Pyrénées! (3) Nous étions cependant au lendemain des désastres de Toulouse.

A défaut d'une action directe bien résolue, qui semble de plus en plus problématique, peut-on espérer que l'Etat

---

(1) Chambre des députés, séance du 2 février 1898. Discours de M. Ruau, député de la Haute-Garonne, *Journal Officiel*, page 815.

(2) C. Guyot. La conservation des forêts et des pâturages dans la région des Pyrénées. Le régime pastoral. Compte rendu 2ᵉ Cong. du Sud-Ouest Navigable, Toulouse, 1903, page 388.

(3) « Les Pyrénées, pas plus que les montagnes de l'Auvergne, ne sont pas
» dans des conditions qui les mettent en péril d'être dégradées par les eaux».
M. Tassy, *op. cit.*, p. 28.

préparera et guidera les esprits par une étude méthodique
des faits torrentiels? Peut-on compter sur l'efficacité des
nombreuses Commissions interparlementaires, si souvent ins-
tituées auprès de divers ministères, pour étudier l'utilisation ou l'aménagement des eaux? (1).

Sans doute, on ne peut mieux recourir qu'aux auto-
rités scientifiques bien connues qu'elles comprennent, et qui
sont très au fait des causes subtiles de la « dégradation de
l'énergie (2) ». Elles s'étonneront vraisemblablement que, pour
conserver cette « énergie » dans les régions à Houille-blanche, on ne se soit pas attaché de prime abord à capter les eaux
à leur source, dans les alpages, en aménageant les hautes
pelouses pastorales; que, pour assurer à nos rivières en perpétuelle disette, les eaux profuses et salubres qu'exigerait le
développement de la pisciculture, on n'ait pas fait des *amé-
liorations pastorales*, clef de voûte de l'aménagement des
montagnes, la tâche principale, sinon exclusive du service
qui doit pourvoir à ces deux objectifs (3). S'il est vrai que
« l'énergie » en montagne ne peut provenir que de la vie du
sol, « qu'arracher un arbre, c'est dégrader cette énergie »,
les maçonneries inertes, inquiétantes et coûteuses, édifiées
chaque année, particulièrement en Savoie, ne discréditent-
elles pas les méthodes forestières, n'épuisent-elles pas vai-

(1) On n'en est plus à compter depuis quelques années les commissions ou
services spéciaux créés au ministère de l'Agriculture pour cette hypothétique
utilisation des eaux, ou s'y rapportant : arrêté ministériel du 21 novembre
1896, décret du 30 décembre 1897, arrêté ministériel du 27 août 1903, décret
du 31 mars 1905, décret du 22 décembre 1905... Tous les ministres ont fait
dans ce sens de louables tentatives, mais nous n'en restons pas moins au
point où nous étions avant 1878 ! Pareil effort a été donné au ministère des
Travaux Publics, particulièrement lors de la réunion de la grande Commission de 1878. Avec la houille blanche s'est faite une nouvelle poussée de ces
Commissions d'études.

(2) F. Brunhes. *Houille blanche, déboisement et droit de propriété. Revue
de Fribourg*, mars et avril 1905. — Cᵗ Audebrand. *La houille blanche*, Greno-
ble 1904

(3) E. Georges. *De l'association en agriculture, etc.* VIᵉ Congrès Interna-
tional d'agriculture, Paris, 1900. Compte rendu, t. I, p. 323.

nement nos ressources? Alors que, des Alpes aux Pyrénées, nous avons tant de torrents de *dénudation* si menaçants et aux dévastations desquels nous savons porter remède, pourquoi nous être attachés avec un coupable empirisme à vouloir traiter des torrents *glaciaires*, dont les dangers nés et actuels sont très localisés, dont les causes complexes échapperont toujours à notre action?

L'intervention du « forestier » dans les mesures de protection nécessitées par la dégradation du sol doit être limitée aux faits ressortissants à sa technique spéciale, à ceux d'ordre physiologique intéressant le ruissellement superficiel des eaux, dont le régime peut être immédiatement influencé par la végétation. Quand il s'agit de « montagnes qui glissent », de rochers qui s'effondrent, de torrents qui travaillent à ciel ouvert dans les vallées, ou dissimulés sous d'épaisses carapaces glacées, le soin et la lourde responsabilité de parer aux dangers nés et actuels, issus de l'inertie de la matière, appartient à « l'ingénieur ». A moins que dans certains cas exceptionnels et désespérés, où le « danger » est devenu permanent, comme au Péguère de Cauterets, on ne recourre, en désespoir de cause, à la puissance des petits moyens. Le forestier, qui a pour mission de les observer et de les connaître aura le champ libre alors; il pourra s'ingénier afin de les mettre en jeu pour lutter contre l'inertie de la matière, en lui donnant la vie.

En agriculture, le problème le plus actuel, est moins d'étendre nos conquêtes culturales, de trouver de nouvelles terres à défricher, que de chercher des bras pour nos campagnes, de l'eau pour nos irrigations. La montagne est le gisement par excellence de ces deux matières premières, devenues si rares; elles s'y régénèrent spontanément, à condition d'y trouver un sol abrité par des forêts et des pelouses.

Les études de ces hautes Commissions sont garantes de l'orientation des réformes nécessaires, à condition, toutefois, qu'on laisse le champ libre à leurs investigations; celles-ci

doivent être cohérentes, ne pas fonctionner isolément dans
des compartiments séparés, comme cela eut lieu en 1878,
Il est surtout nécessaire de donner à leurs travaux la plus
grande publicité possible. Ces travaux seuls peuvent préparer
utilement l'opinion du « Retour à la Terre »; c'est à eux de
faire la loi avant qu'elle soit discutée au Parlement.

D'autres leviers des masses sont actuellement en jeu: l'Etat
ne peut manquer d'en tirer parti. Ce sont pour lui, de
nouveaux et puissants auxiliaires.

« L'Enseignement », par exemple, et la leçon de choses dif-
fuse et va diffuser de plus en plus, dès la petite école (1),
comme on le fait depuis longtemps à l'étranger, les prin-
cipes de ménagements et d'égards plus nécessaires au sol montagneux qu'à tout autre. Il fera valoir l'obligation sociale
pour le montagnard de subir, pour éviter l'expropriation
naturelle et fatale qui le menace par la disparition même
de son bien, une atténuation prévoyante dans ce qu'il croit
être son « droit » de jouissance de la terre; de laisser à l'Etat
dans l'intérêt de tous, le soin d'aménager cette terre qui
restera sienne.

L'opposition du montagnard au reboisement des montagnes, écrivait-on il y a vingt-cinq ans, vient « de ce que
» l'esprit de la Révolution de 1789 n'a pas encore suf-
» fisamment pénétré en montagne..... Il faut éclairer le
» montagnard sur ses droits, restaurer les hommes »
(Tassy, p. 63). Belle théorie d'idéologue qu'infirment absolument les faits actuels et les idées à forme libérale de
l'auteur. En Russie, c'est par le mirage des mots: « Terre et
liberté » que les intellectuels ont déchaîné le moujick à de-
mi-sauvage, en se gardant de lui dire (ce qu'ils ne peuvent ignorer), que demain, d'autres intellectuels déchaîne-

(1) Le Touring-Club de France a la plus grande part dans l'initiative des ré-
centes dispositions administratives prises à ce sujet, ainsi que dans l'institu-
tion de nos Fêtes de l'Arbre. (*Revue du T.-C. F.* décembre 1905; mars, avri[l]
1906, etc.)

ront avec les mêmes mots d'autres moujicks tout aussi naïfs pour piller le sol, égorger celui qui le possède (1), Et ce « droit » du montagnard, quel bon marché on en faisait en 1882! « En supposant que le reboisement des Alpes eut pour conséquence d'en chasser les habitants, ne vaudrait-il pas mieux mettre dans les montagnes des arbres qui s'y porteraient bien et protègeraient les propriétés inférieures que d'y laisser des hommes qui s'y portent mal et causent à la France entière par leur imprévoyance, leur incurie et leur avidité d'incalculables dommages (Tassy, p. 61). » On sait qu'à cette époque on ne s'occupait que des Alpes, la dégradation du sol pyrénéen ne comptait pas encore. Comment entendait-on donc « restaurer les hommes », sans chercher à tirer de l'enseignement le secours qu'il est légitime de lui demander pour élever chez eux un sentiment élevé de leur responsabilité sociale dans l'usufruit de leur sol?

Mais l'enseignement est un moyen à bien long terme pour lutter utilement contre la soudaineté des crues terribles. Que de catastrophes aujourd'hui menaçantes, auront assailli nos montagnes et nos plaines avant que la notion du devoir vis-à-vis du sol ait pu être éveillé dans l'esprit des montagnards! Le souci du danger dorrentiel et de ses causes lointaines a-t-il même assez pénétré dans des milieux plus éclairés, parmi les populations qui pâtissent à tant de titres du dérèglement de nos fleuves?

« L'Association » est une autre énergie, nouvellement révélée, dans l'ordre humain, aussi bien que, comme nous l'avons vu sommairement, dans l'ordre végétal. Cette énergie s'affirme par le groupement qui réunit une première fois, en vue de l'Aménagement des Montagnes, tant

---

(1) C'est dans le même ordre d'idées qu'en 1884, MM. les députés Lorandot et Pochon estimaient que « le Régime Forestier était incompatible avec le Régime Républicain et que, dès lors, il fallait redonner aux communes la libre disposition de leurs forêts » (Séance de la Chambre du 10 février 1884). Les forêts sont-elles plus dignes des Consuls aujourd'hui ?

d'individualités généreuses, étrangères à l'intimité des ques-
tions montagneuses, mais désireuses de s'initier et de coo-
pérer à l'œuvre économique et sociale créée et poursuivie par
M. P. Descombes.

Cet ensemble d'activités a fait franchir à l'œuvre les étapes
difficiles, l'orientant nettement vers la *Protection du sol montagneux* (1), à l'origine des eaux; cherchant à donner, chacune
dans sa sphère propre, « l'effort intense », que le président
Roosevelt (2), dans un langage vif, mais bien approprié, opposa
à « l'ignoble aise », à l'inertie plus ou moins hiérarchisée,
à la phraséologie creuse. Elles ont tenté cet « effort
commun » auquel M. Deschanel faisait appel, en 1897,
pour rséoudre la crise agraire autrement que par le socialisme d'Etat (3). Elles ont, suivant les méthodes
scientifiques des sociologues contemporains, cherché à « défricher un coin de la science sociale (4) »; beaucoup appor-
tant à cet essai un contingent de choses vues, étudiées et
pensées pendant longtemps dans les forêts, dans les montagnes de notre pays.

La Restauration des Montagnes est une œuvre sociale et
économique, à terme indéfini. Elle exige des efforts perma-
nents, sans cesse en rapport avec les causes complexes susceptibles d'influer sur la dénudation, la dépopulation, le
travail et l'hygiène publiques.

La « Nationalisation » du sol montagneux ne saurait être jus-
tifiée que pour les terres absolument dégénérées, celles dans

(1)Les dispositions essentiellement « protectrices » de la loi fédérale Suisse de
1902 sont l'équivalent de celles proposées par M. Faré, directeur général des
Forêts, membre de la Commission supérieure 1878 (compte rendu du rapport,
pages 535, etc.). Ces sages dispositions, adoptées par la Commission, furent
absolument dénaturées par le législateur de 1882.

(2) Th. Roosevelt. *La vie intense*, Paris, 1897, in-8°, 274 p., page 1.

(3) « Chacun donnera à l'œuvre commune ce qu'il peut donner, celui-là
» son cerveau, celui-ci son bras, tel autre son argent, tous leur cœur. » Chambre des députés, séance du 20 juillet 1897, *Journal officiel*, page 1944.

(4) E. Demolins. *Les Français d'aujourd'hui*. Paris, 1898, p. 446.

la ruine desquelles l'imprévoyance et, par suite, la responsabilité de l'Etat absentéiste, sont le plus évidentes. Partout ailleurs, le sol doit rester en principe, la propriété de celui qui le possède et le cultive; mais, dans l'intérêt public, cette jouissance doit être assujettie à la garde ferme et vigilante de l'Etat. A ces conditions seulement, il peut y avoir mutualité, bénéfice réciproque, coopération.

Le Programme-Sommaire de l'œuvre, adapté aux faits actuels, peut être formulé ainsi qu'il suit:

I. — Pourront être décrétés d'utilité publique, en vue d'y assurer par l'Etat et au profit des propriétaires, une exploitation conservatrice des produits spontanés du sol, des périmètres dit « de protection », situés: 1o à l'origine des torrents, des rivières torrentielles, des ravinements du sol, des avalanches; 2o autour des régions d'enfouissement d'eaux sauvages, de captage d'eaux d'alimentation.

II. — A l'intérieur de ces enceintes, tous les terrains en nature des forêts, vacants, prés-bois, landes, cultures abandonnées ou ravinées, sont soumis au Régime Forestier Communal.

Ces terrains sont exonérés de tout impôt.

III. — L'Etat demeure chargé de tous les frais occasionnés par cette gestion conservatrice.

IV. — A l'établissement des périmètres, état sera fait, pour chaque propriétaire, des revenus nets que produisent les terrains.

L'Etat indemnisera annuellement les propriétaires, au cas où l'établissement des périmètres réduirait ces revenus.

Ces indemnités seront plus tard réduites progressivement, dans la proportion où pourront s'accroître les revenus; elles cesseront d'être allouées quand ces revenus auront atteint la valeur des indemnités primitives.

IV. — Dans l'enceinte des périmètres, l'Etat pourra acquérir : 1o les berges vives des torrents et leurs abords immédiats ; 2o les terres très profondément ravinées, instables, menacées de glissement ; 3o les couloirs d'avalanches ; 4o l'orifice et les abords immédiats des bétoires, avens, gouffres où s'enfouissent des eaux superficielles.

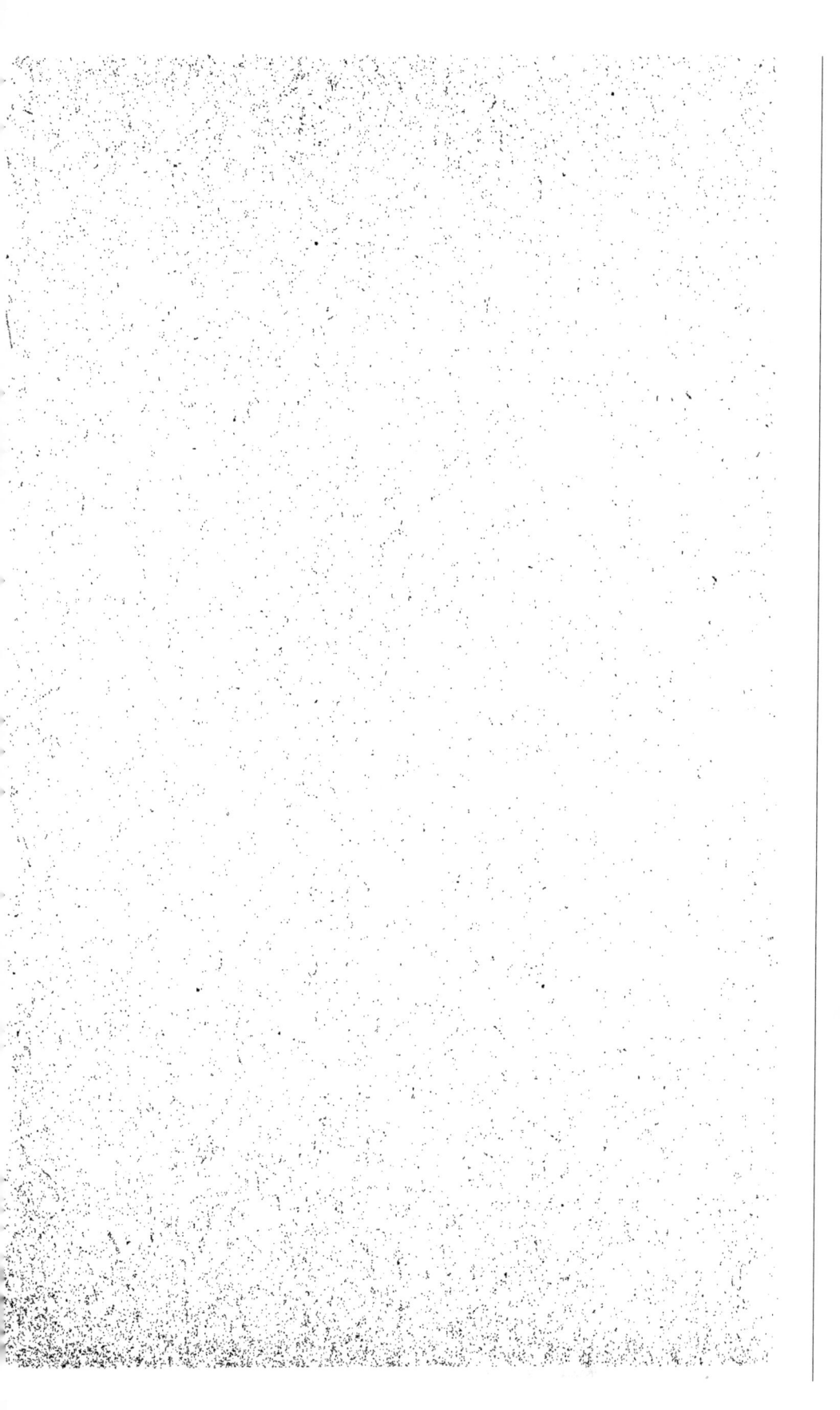

www.ingramcontent.com/pod-product-compliance
Lightning Source LLC
Chambersburg PA
CBHW060458200326
41520CB00017B/4841